BEI GRIN MACHT SICH IHR WISSEN BEZAHLT

- Wir veröffentlichen Ihre Hausarbeit, Bachelor- und Masterarbeit

- Ihr eigenes eBook und Buch - weltweit in allen wichtigen Shops

- Verdienen Sie an jedem Verkauf

Jetzt bei www.GRIN.com hochladen und kostenlos publizieren

Bibliografische Information der Deutschen Nationalbibliothek:

Die Deutsche Bibliothek verzeichnet diese Publikation in der Deutschen Nationalbibliografie; detaillierte bibliografische Daten sind im Internet über http://dnb.d-nb.de/ abrufbar.

Dieses Werk sowie alle darin enthaltenen einzelnen Beiträge und Abbildungen sind urheberrechtlich geschützt. Jede Verwertung, die nicht ausdrücklich vom Urheberrechtsschutz zugelassen ist, bedarf der vorherigen Zustimmung des Verlages. Das gilt insbesondere für Vervielfältigungen, Bearbeitungen, Übersetzungen, Mikroverfilmungen, Auswertungen durch Datenbanken und für die Einspeicherung und Verarbeitung in elektronische Systeme. Alle Rechte, auch die des auszugsweisen Nachdrucks, der fotomechanischen Wiedergabe (einschließlich Mikrokopie) sowie der Auswertung durch Datenbanken oder ähnliche Einrichtungen, vorbehalten.

Impressum:

Copyright © 2007 GRIN Verlag, Open Publishing GmbH
Druck und Bindung: Books on Demand GmbH, Norderstedt Germany
ISBN: 9783640493982

Dieses Buch bei GRIN:

http://www.grin.com/de/e-book/139575/innen-und-aussenimage-als-entwicklungs-impuls

Christian Fischer

Innen- und Außenimage als Entwicklungsimpuls

Was bringt Standortmarketing wirklich?

GRIN Verlag

GRIN - Your knowledge has value

Der GRIN Verlag publiziert seit 1998 wissenschaftliche Arbeiten von Studenten, Hochschullehrern und anderen Akademikern als eBook und gedrucktes Buch. Die Verlagswebsite www.grin.com ist die ideale Plattform zur Veröffentlichung von Hausarbeiten, Abschlussarbeiten, wissenschaftlichen Aufsätzen, Dissertationen und Fachbüchern.

Besuchen Sie uns im Internet:

http://www.grin.com/

http://www.facebook.com/grincom

http://www.twitter.com/grin_com

Universität Augsburg
Fakultät für Angewandte Informatik
Lehrstuhl für Humangeographie und Geoinformatik

Innen- und Außenimage als Entwicklungsimpuls
-
Was bringt das Standortmarketing wirklich?

Standortentwicklung (WS 2007/08)
Hauptseminar

Name, Vorname: Fischer, Christian

Abgabetermin: 12.10.2007

Inhaltsverzeichnis

1. Einleitung..S. 3

2. Marketing von Standorten, Städten und Regionen ....S. 4
    2.1. Standortmarketing ....S. 4
    2.2. Stadt- und Regionalmarketing..S. 8
    2.3. Innen- und Außenwirkung von Marketingprozessen.........................S. 10
    2.4. Das Internet als Marketinginstrument für Innen- und Außenmarketing..........S. 11
    2.5. Instrumente zur Imageverbreitung...S. 12
        2.5.1. Slogans, Themen und Positionen................................S. 13
        2.5.2. Visuelle Symbole...S. 13
        2.5.3. Veranstaltungen und Aktionen....................................S. 13
    2.6. Der strategische Prozess..S. 14
        2.6.1. Konzeptphase..S. 17
        2.6.2. Konkretisierungsphase..S. 18
        2.6.3. Realisierungsphase..S. 19

3. DIfU-Umfrage 2004 „Stadtmarketing"...S. 21

4. Zusammenfassung und Ausblick...S. 23

Literaturverzeichnis...S. 25

1. Einleitung

Durch die Globalisierung der Märkte und Unternehmensstrategien haben sich die Rahmenbedingungen für die Entwicklung der Räume auf regionaler, nationaler sowie internationaler Ebene deutlich verändert, was zu einer deutlichen Verschärfung der Wettbewerbssituation in Europa führte. Dadurch sind Städte und Regionen genauso wie Unternehmen gezwungen, sich den neuen Rahmenbedingungen anzupassen und damit ihre Entwicklungschancen zu verbessern oder zumindest zu halten (vgl. POSCHWATTA, EPPLE, S. 64). Auch ein deutlich feststellbarer Wertewandel im Konsum- und Freizeitverhalten der Bevölkerung, sozialer bzw. demographischer Wandel und die Annahme, dass weiche Standortfaktoren aufgrund des zunehmend höheren Grades an Qualifizierung der Bevölkerung und damit verbundenen veränderten anspruchsvolleren Ansprüchen an ihr Lebensumfeld an Bedeutung zunehmen werden, führten dazu, dass Stadt- und Regionalmarketing immer häufiger als Instrument zur Standortentwicklung eingesetzt wurden (vgl. BÜHLER, S. 34). Hierdurch entsteht allerdings auch ein wachsender Wettbewerb zwischen Städten und Regionen um Ressourcen: um Geld, Unternehmen und Einrichtungen, um Menschen als Bürger und Konsumenten (vgl. GRABOW, HOLLBACH-GRÖMIG, BIRK, S. 21 nach MÄDING 2006).

Regional- bzw. Stadtmarketing ist mittlerweile zu einem üblichen Instrument der Standortentwicklung geworden. Hierbei soll das Image der Stadt oder Region sowohl nach außen wie auch nach innen verbessert werden. Um die zu Verfügung stehenden Finanzmittel und Ressourcen möglichst effizient einsetzen zu können, ist es notwendig, die Konzepte des Marketings durch ein geeignetes Controlling kritisch zu beurteilen. Da die Messung der Effekte der Standortwerbung allerdings noch vor gewaltigen methodischen Problemen steht, wird der Nutzen nach wie vor noch recht unterschiedlich bewertet.

Im Rahmen dieser Arbeit soll ein detaillierter Überblick über Standortmarketing sowie über das Marketing von Regionen und Städten gegeben werden. Durch eine kritische Betrachtungsweise sollen an manchen Stellen dieser Arbeit denkbare Probleme aufgezeigt werden, die möglicherweise im Laufe eines Standortmarketingprozesses auftreten können. Im weiteren Verlauf soll ein Ausblick auf mögliche zukünftige Entwicklungen im Bereich Standortmarketing aufgezeigt werden. Schließlich soll der wirkliche Nutzen des Standortmarketings erläutert werden.

2. Marketing von Standorten, Städten und Regionen

Im Laufe der Entwicklung dieser Marketingtheorien ist es zu einer Übertragung dieses ursprünglich für den Konsumgüterbereich entwickelten Konzepts auf eine Vielzahl von Bereichen gekommen, darunter auch auf Regionen, Städte und Gemeinden. Nach einer Definition von Marketing, welche von der American Marketing Association aufgestellt wurde und sich in der Literatur größtenteils durchgesetzt hat, wird Marketing wie folgt definiert: *„'Unter Marketing wird der Planungs- und Ausführungsprozeß im Hinblick auf die Gestaltung, Preisbildung, die Kommunikation und die Distribution von Ideen, Produkten und Dienstleistungen verstanden. Damit sollen Austauschprozesse ermöglicht werden, die sowohl die Ziele von Individuen als auch die von Organisationen in befriedigender Weise erfüllen.'"* (MEISSNER, S. 21 nach Marketing News, 1985, S. 1) Es sollen also die Zielvorstellungen von Organisationen (auch Standorten allgemein, Städten und Regionen) mit den Nutzenvorstellungen der Nachfrager, Verbraucher, Betriebe oder auch Bürger in Einklang gebracht werden. Hierbei geht es vor allem darum, die unterschiedlichen Erwartungen und Wünsche der gerade genannten Nachfrager mit den politischen, ökonomischen und gesellschaftlichen Zielen der Stadt- und Regionalverwaltungen zu abzustimmen (vgl. MEISSNER, S. 21ff).

2.1. Standortmarketing

In Folge der Betriebsschließungen und Rationalisierungsmaßnahmen vieler "traditioneller Branchen" (vor allem Schwerindustrie, Bergbau und Schiffsbau) Anfang der 70er Jahre und dem daraus resultierenden Verlust von Arbeitsplätzen kam es zu einer schweren Strukturkrise, die durch die Ansiedelung von neuen Unternehmen und den in der Regel damit verbundenen positiven Einnahme- und Arbeitsmarkteffekten behoben werden sollte. Seit dieser Zeit wurden viele Standortmarketingkonzeptionen als Bestandteil der Wirtschaftsförderung von Gemeinden, Städten, Landkreisen und Regionen entwickelt. (vgl. BÜHLER, S. 29) *„Standortmarketing kann als die konsequente, auf systematisch, durch fortlaufende Analyse und Beobachtung des Standortmarktes, erfassten Grundlagen beruhende Ausrichtung eines Anbieters von Standorten an den Erfordernissen und Wünschen seiner vorhandenen und potentiellen Abnehmer gekennzeichnet werden."* (BÜHLER, S. 29). Da standortsuchende Firmen einen potentiellen Standort unter Anderem nach seinem wirtschaftlichen Klima, den gesetzlichen Bestimmungen, der Qualität der Arbeitskräfte, der Infrastruktur, den Verkehrs- und Transportbedingungen, der Qualität von Bildungseinrichtungen und nach der Lebensqualität beurteilen, müssen Standorte die Kriterien verstehen, die der Standortentscheidung zugrunde liegen. Außerdem sind für eine

Standortentscheidung auch noch Kriterien wie Steuervergünstigungen, günstige Grundstückspreise, Infrastruktursubventionen und Zuschüsse für Schulungseinrichtungen von Bedeutung (vgl. KOTLER, S. 46f).

Meist sind kommunale Gebietskörperschaften oder Regionen, die über Grundstückseigentum verfügen, die Anbieter von Standorten und treten somit auch als Träger des Standortmarketings auf. Es gibt aber auch private, erwerbswirtschaftlich orientierte Anbieter, wie zum Beispiel Immobilienhändler oder Entwicklungsagenturen, die als Standortanbieter auftreten. Während die öffentlichen Akteure Strategien zur langfristigen Entwicklung des Standortes mit dem Ziel, der Verbesserung der Gesamtsituation einer Stadt oder Region verfolgen, betreiben die privaten Wirtschaftsförderer eher kommerzielles Marketing, dessen Produkt der exakt verortete Standort ist. Dieses kommerzielle Marketing ist meist auf eine maximale Gewinnerzielung ausgerichtet und somit entfällt größtenteils kurze Zeit nach der Transaktion die Betreuung der Klienten in Form von standortbezogenen Dienstleistungen, allerdings führt auch diese Art von Standortmarketing meist zu einer positiven Gesamtentwicklung einer Kommune oder eines Raumes. Beim Standortmarketing öffentlicher Akteure ist das Hauptziel, durch ansiedlungsbedingte Steigerung des Gewerbesteueraufkommens und durch eine Steigerung der verfügbaren Arbeitsplätze eine positive Gesamtentwicklung der Kommune oder des Raumes zu erreichen (vgl. BÜHLER, S. 29f).

Während die Kommunen und Regionen in den siebziger Jahren des vergangenen Jahrhunderts noch hauptsächlich versucht haben "Schornsteinindustrien" wie zum Beilspiel die Stahl- und Automobilbranche an den Standort zu bringen, hat sich in der heutigen Zeit das Interesse mehr auf die "sauberen" Branchen wie den Bankensektor oder die High-Tech-Industrie verlagert. Außerdem versuchen viele öffentliche Akteure die bestehenden Unternehmen am Standort zu halten oder deren Expansion zu fördern (vgl. KOTLER, S. 46).

Laut KOTLER hat ein Standort vier Möglichkeiten, sein wirtschaftliches Fundament zu erhalten und zu stärken, von denen ein Standort eine für sich sinnvolle Mischung auswählen muss:

Erstens muss der Standort versuchen die bereits vorhandenen Branchen und Unternehmen zu erhalten. Das Problem hierbei ist, dass verschiedene Unternehmen eine Art „Halt-mich-Spiel" spielen, d.h. dass diese Unternehmen oft drohen, arbeitsintensive Funktionen und die damit verbundenen Arbeitsplätze auszulagern und in kostengünstigeren Gebieten anzusiedeln, wenn diese nicht Bedingungen (z.B. Steuervergünstigungen) erfüllt bekommen, für die es sich lohnt am Standort zu bleiben. Wenn gewisse Unternehmen am Standort erhalten werden sollen, dürfen nicht einfach Unternehmenssteuern willkürlich angehoben werden oder die Bereitstellung moderner Dienstleitungen vernachlässigt werden. Da ein Standort ein Unternehmen verlieren wird, wenn er ihm nicht genug bietet um es zu halten und er es ebenso verlieren wird wenn er ihm zu viel bezahlt, weil der Standort sich das dann nicht auf Dauer leisten kann, ist das heutige Spiel der finanziellen Anreize durchaus als ein zweischneidiges Schwert zu sehen (vgl. KOTLER, S. 47). Obwohl zu den Aufgaben des Standortmarketings definitiv auch die Bestandspflege zählt, verliert diese allerdings in der praktischen Anwendung oft an Gewicht aufgrund von Anstrengungen zur Akquisition externer Potentiale. Hierzu zählen neben den Unternehmen auch Investitionen, Touristen oder für das jeweilige Gewerbe interessante Fachkräfte (vgl. BÜHLER, S. 30).

Zweitens muss sich ein Standort um Pläne und Hilfestellungen bemühen, um den ortsansässigen Betrieben eine Expansion und standortsuchenden Betrieben eine Entscheidung zu erleichtern. Hierdurch können innerhalb der lokalen Wirtschaft zusätzliche Einnahmen und Arbeitsplätze geschaffen werden. Erreicht werden kann dies zum Beispiel durch eine Förderung von Schulungsprogrammen für Manager und Arbeiter, durch eine Verbesserung der Transport-, Kommunikations- und Energieinfrastruktur, durch eine erleichterte Vergabe von Krediten an ortsansässige Betriebe und durch die Bereitstellung von auf bestimmte wirtschaftliche Zielgruppen zugeschneiderte Einrichtungen (vgl. KOTLER, S. 47). Die Bereitstellung, Gestaltung und Entwicklung entsprechender, auf die Marktbedürfnisse zugeschnittener gewerblich nutzbarer Grundstücke oder Immobilien ist, neben dem Angebot von damit korrespondierenden Dienstleistungen, das wichtigste Instrument des Standortmarketings. Allerdings führt ein Überangebot an Flächen bei gleichzeitig abnehmender Nachfrage dazu, dass deren Vermarktung nur noch einen geringen Teil des Standortmarketings ausmacht. Wesentlicher Bestandteil des Standortmarketings sind somit direkte materielle Leistungen, wie zum Beispiel auch die Gründerzentren, die in Bayern aus den Privatisierungserlösen des Staates in Zusammenarbeit mit den als Standorten berücksichtigten Regionen eingerichtet wurden (vgl. BÜHLER, S. 30 und BECKORD, JURCZEK, S. 63). Allerdings darf die kommunale Wirtschaftsförderung selbst keine Finanzmittel oder Subventionen direkt an die Unternehmen ausgeben (vgl. ICKS, RICHTER, S. 9). Innovationen und verfügbares Wissen spielen eine immer bedeutendere Rolle für die Wettbewerbsfähigkeit von Unternehmen und Wirtschaftsstandorten. Wirtschaftsstandorte bieten aufgrund der räumlichen Nähe der Akteure die Möglichkeit des Lernens und der Interaktion untereinander. Standortmarketing kann dabei halfen, diese Innovationen durch eine Vernetzung der Unternehmen und Branchen zu fördern (vgl. LEUNINGER, HELD, S. 161).

Zum bereits angesprochenen Angebot von mit gewerblich nutzbaren Grundstücken korrespondierenden Dienstleistungen zählt zum Beispiel auch das Standort-Informations-System-Bayern (SISBY), welches ein Projekt von Politik, Kommunen und des Bayerischen Industrie- und Handelskammertags ist. Hier können Gewerbeflächen und –immobilien relativ schnell und unkompliziert angeboten werden und auch Suchende können Informationen zu

Gewerbeflächen und –immobilen unkompliziert per PC einholen. SISBY gilt als eine der ersten Anlaufstellen für Unternehmen, die bei der Standortwahl noch unentschieden sind und sich erst bei einer neutralen Stelle informieren, ehe sie auf eine Kommune zugehen. Die IHKs bieten eine umfassende Beratung und Erstbetreuung für Investoren und Unternehmen und bürgen für aktuelle Daten zu Gewerbeflächen, Gewerbeimmobilien, Technologie- und Gründerzentren und zu Strukturdaten wie Bevölkerungszahlen oder Gewerbesteuerhebesätze (vgl. BIHK, S. 2f).

Drittens muss ein Standort die Startbedingungen für Unternehmensgründungen erleichtern, was durch die bereits genannten Gründerzentren geschehen kann. Weitere Möglichkeiten die Startbedingungen für Unternehmensgründungen zu verbessern sind leistungsfähige Agenturen zur Beratung und Schulung von Unternehmen zu gründen, ansässige Banken zur Vergabe von Krediten zu günstigen Konditionen für Unternehmensgründungen zu ermutigen, Kontakte zwischen Investoren und Unternehmern zu knüpfen und die Einrichtung von Forschungszentren, Gewerbehöfen oder Technologieparks voranzutreiben. Die finanzielle Förderung, der persönliche Einsatz der Wirtschaftsförderer und die Information und Kommunikation gelten als weitere wichtige Instrumente des Standortmarketings (vgl. BÜHLER, S. 30 und KOTLER, S. 49). Außerdem ist für Unternehmen auch die Geschwindigkeit wichtig, mit der am jeweiligen Standort Unternehmensanträge bearbeitet oder Genehmigungen beschieden werden (vgl. ICKS, RICHTER, S. 9).

Viertens und letztens sollte ein Standort aggressiv um auswärtige Unternehmen oder um deren Betriebsanlagen werben um Arbeitsplätze zu schaffen und die Gewerbesteuereinnahmen zu sichern. Dies geschieht in den meisten Fällen durch ein Amt für Wirtschaftsförderung oder durch eine Non-Profit-Gesellschaft. Ihre Aufgabe ist es, auswärtige Unternehmen ausfindig zu machen und diese durch verschiedene Konzessionen zu Standortinvestitionen zu ermuntern (vgl. KOTLER, S. 50).

„*Eine aktive Wirtschaftsförderung führt Kenntnisse und Erwartungen über zukünftige Entwicklungsbereiche (Chancen) und über die vorhandenen Ressourcen der ansässigen Unternehmen und des Standorts (Stärken) zu Förderkonzeptionen mit den Elementen Zielformulierung, Handlungsstrategie und Maßnahmenplanung zusammen*" (LEUNINGER, HELD, S. 163). Um die Standortmarketingkonzepte allerdings erarbeiten und später erfolgreich umsetzen zu können sind intensive Kundenbeziehungen zu den Unternehmen dringend erforderlich. Laut LEUNINGER & HELD können durch die Intensivierung der Beziehungen zu Unternehmen folgende Ziele erreicht werden:

- „Früh-Warn-System" zum Erkennen von unternehmerischen und standörtlichen Entwicklungsengpässen,
- Identifikation und zielgerichtete Nutzung von Entwicklungschancen (z.B. Technologie- und Netzwerkpotentiale),

- Erhöhung der Mitwirkungsbereitschaft der Unternehmen bei Gemeinschaftsinitiativen,
- Aufbau einer „Wirtschaftsförderungs- und Standort-Lobby" und damit eine Stärkung der Durchsetzungsfähigkeit der eigenen Ziele,
- Positive Auswirkung auf die Innovationsfähigkeit und –kompetenz von Wirtschaftsförderung (vgl. LEUNINGER, HELD, S. 163).

Obwohl das Standortmarketing in der Literatur zum größten Teil mit rein sektoraler Ausrichtung gesehen wird, gehen Interpretationen neueren Datums über dessen rein sektorale Ausrichtung hinaus. Bei diesen Interpretationen ist Standortmarketing in den Gesamtzusammenhang kommunal- und regionalpolitischen Handelns eingebettet und relativ direkt mit den restlichen Funktionsbereichen einer Kommune oder Region verzahnt, weshalb eine „Annäherung und Angleichung des Standortmarketing und Regionalmarketing insbesondere hinsichtlich der Gestaltung ihres Instrumentariums in der Zukunft durchaus nicht gänzlich ausgeschlossen [werden kann]" (BÜHLER, S. 31). Der eindeutig wirtschaftliche Charakter der Ziele des Standortmarketings lässt eine Gleichsetzung jedoch kaum zu.

2.2. Stadt- und Regionalmarketing

Das Stadt- bzw. Regionalmarketing wird als eine Art "Nonprofit-Marketing" gesehen, dessen wesentlicher Unterschied zum betriebswirtschaftlichen Marketing darin besteht, dass es nicht dem Prinzip der Gewinnmaximierung folgt, sondern die Nutzenmaximierung das oberste Ziel darstellt. Nutzenmaximierung bedeutet hier hauptsächlich eine Nutzenstiftung für Dritte. Das können zum Beispiel Bürger, Verbraucher, Touristen, Einzelhandel, Industrie, Unternehmen oder die Stadt bzw. Region sein. Nonprofit-Organisationen müssen allerdings nicht immer in Form von öffentlichen Organisationen auftreten und können auch als public-privat-parnership organisiert sein. Somit können auch private projektbezogene Mittel sowie Mittel aus Programmen der Europäischen Union in die Finanzierung der Nonprofit-Organisationen mit einfließen (vgl. BÜHLER, S. 21ff und TROEGER-WEIß, S. 59).

Ziel des Marketings von Regionen und Städten ist es einerseits, ihr Profil nach außen zu verstärken um sich dadurch gegenüber anderen Regionen und Städten abzusetzen, andererseits aber auch nach innen zu wirken, „...und die Zustimmung der Bürger zu den gestaltungspolitischen Entscheidungen in den [Regionen,] Städten und Gemeinden zu erreichen und auch um die Identifikation und Motivation der Mitarbeiter der Städte [und Regionen] zu verstärken." (MEISSNER, S. 22) Das Stadt- oder Regionalmarketing ist dabei weit mehr als nur Werbung oder Öffentlichkeitsarbeit. Bei dieser Art von Marketing soll mit

Hilfe eines Führungs- und Handlungskonzeptes eine zielgerichtete Planung der regionalen Entwicklung ermöglicht werden, um so die Beziehungen einer Stadt oder Region mit ihren Zielgruppen steuern zu können. Hauptziel dieses Marketings ist es, ein eigenes, unverwechselbares und positives Image aufzubauen oder zu verstärken, also eine eigene Identität zu schaffen und so die Stadt oder Region sowohl als Wirtschafts- und Lebensraum wie auch als Ziel für Besucher attraktiver zu machen (vgl. MEISSNER, S. 21ff und BERTRAM, S. 29f). Das Stadt- oder Regionalmarketing kann regionale Initiativen aufgreifen, bündeln und intensivieren und ist durch den kommunikativen Ansatz bemüht, einen Konsens zu erreichen (vgl. POSCHWATTA, EPPLE, S. 70).

Die Identität der Stadt oder Region ist in den meisten Fällen sehr stark mit ihrer Geschichte (z.b.: Fugger in Augsburg), mit ihrer geographischen Lage (z.B.: Innsbruck, Kapstadt), mit ortsansässigen großen Unternehmen (z.B.: Firma Audi in Ingolstadt), durch Sportvereine (z.B.: Borussia Dortmund) oder durch kulturelle Aktivitäten (z.B.: Bayreuth) verwurzelt. Auch Theater und Orchester können eine imagefördernde Rolle spielen, wie zum Beispiel in Dresden die Semperoper (vgl. MEISSNER, S. 26). *„Unter dem Image verstehen wir die Meinungen und Einstellungen, die sich gegenüber einer Stadt oder Region innerhalb dieser Stadt oder Region wie auch von außen durchgesetzt und entwickelt haben. Es beruht auf objektiven und subjektiven, eventuell auch falschen und stark emotional gefärbten Vorstellungen, Ideen und Gefühlen, Erfahrungen sowie Kenntnissen und stabilisiert sich im Zeitablauf"* (MEISSNER, S.26).

Das Image einer Stadt oder Region ist deshalb so wichtig, weil es unter anderem Rückwirkungen auf eine Stadt oder Region als Wirtschaftsstandort hat. Durch ein positives Image kann der Wunsch hervorgerufen werden, in dieser Region arbeiten oder leben zu wollen (vgl. MEISSNER, S. 21ff). Die Ansiedlung von Unternehmen und Einrichtungen hat unmittelbare Auswirkungen auf den Arbeitsmarkt und das damit verbundenen Angebot an Arbeitsplätzen, wodurch wiederum die Erwartungen und Zukunftsvorstellungen der Bevölkerung betroffen sind. In der heutigen postindustriellen Wirtschaft geht es nicht mehr primär um Industriestandorte und –ansiedlungen, sondern verstärkt um die Ansiedlung von verschiedenen Dienstleistungsbereichen, wie z.B. in Form eines Technologieparks. (vgl. MEISSNER, S. 21ff und BERTRAM, S. 29f)

„Die Initiative [eines Stadt- oder Regionalmarketings] muss von der Verwaltungsspitze ausgehen. Marketing muss für Städte und Regionen Chefsache sein, darf es aber nicht bleiben, wenn es Erfolg haben soll! Es muss durch frühzeitige Information und Diskussion gelingen, bei Verwaltung, Bürgern und Unternehmen eine breite Bewegung in Gang zu setzen, eine 'Aufbruchsstimmung' zu erzeugen, die nach innen und nach außen wirkt. Wer seine Zielgruppen nicht erreicht, hat keine Chance, Marketing für Städte und Regionen wirksam zu entwickeln und umzusetzen" (BERTRAM, S. 31).

Da Stadt bzw. Regionalmarketing mittlerweile zu einem üblichen Instrument der Standortentwicklung geworden ist und von nahezu allen Regionen und Städten betrieben wird, mag dieser Verteilungskampf um Ressourcen aus volkswirtschaftlicher Perspektive vielleicht ein Nullsummenspiel sein, nach Ansicht von einigen Wirtschaftswissenschaftlern werden jedoch die gesamtwirtschaftliche Leitungsfähigkeit und Standortattraktivität dadurch im internationalen Vergleich anwachsen. Aus diesem Grund wird in gewissen Bereichen auch verstärkt auf Kooperation unter den Marketinginitiativen gesetzt, um mehr überregionale und internationale Sichtbarkeit zu erreichen. Diese Art von Wettbewerb ist auch unter dem Stichwort "coopetition" bekannt und vereint die Wörter co-operation und competition untereinander (vgl. GRABOW, HOLLBACH-GRÖMIG, BIRK, S. 21f).

2.3. Innen- und Außenwirkung von Marketingprozessen

Die Identität eines Standortes zielt hauptsächlich auf zwei Effekte:
- eine Innenwirkung, die zu einer besonderen Kultur führen soll, mit der sich die Bürger, Verwaltung und alle mit der Stadt- bzw. Region in Verbindung stehenden Unternehmen solidarisieren können und
- eine Außenwirkung, mit der ein einheitliches Außenimage bei potentiellen regionalen Akteuren außerhalb der Stadt bzw. Region aufgebaut werden soll (vgl. JEKEL, S. 87, S. 98).

Beim Innenmarketing muss wiederum in zwei Ebenen unterteilt werden. Die eine Ebene dient der Verbesserung der internen Beziehungen und der Identifikation. Hierbei ist vor allem wichtig, die Kommunikation zwischen den Partnern sicher zu stellen und eine Form von Motivationssteigerung durch kooperative Verhaltensweisen wie zum Beispiel die top-down-Übertragung von Aufgaben zu erreichen. Alle Entscheidungen sollten in der Gruppe gefällt werden. Auf diese Art und Weise kann ein „Wir-Gefühl" entstehen und so die Identifikation mit der Stadt bzw. Region eingeleitet werden (vgl. JEKEL, S. 96ff).

Auf der anderen Ebene geht es um den "Verkauf von Entscheidungen und Standortangeboten" an die Bewohner und Unternehmen der Stadt bzw. Region, welches in gewissen Teilen mit dem Außenmarketing zusammen fällt. Hierbei handelt es sich um gewisse Formen der Markt- und Kundenkommunikation, welche sowohl über Verfahrensrichtlinien für Genehmigungen, Preise, Kosten, Steuern und Gebühren in der Stadt bzw. Region aufklären sollen, als auch die in der Standortanalyse festgestellten harten/weichen Standortfaktoren und deren subjektive Bedeutung für die Stadt bzw. Region zum Zwecke der erhöhten Wohn- bzw. Standortzufriedenheit bewerben sollen, wodurch es auch zu einer marktorientierten Weiterentwicklung des Standortes kommt (vgl. JEKEL, S. 96 ff).

Beim Außenmarketing soll der Standort langfristig mit Alleinstellungsmerkmalen positioniert werden, um damit Investoren, Touristen oder Unternehmen für die Stadt bzw. Region anzuwerben. Zentral geht es hier um die zielgruppenspezifisch aufbereiteten Angebote mit einer Abgrenzung der strategischen Geschäftsfelder um dadurch ein klares, einheitliches Image des Standortes zu erreichen. Bei der Abgrenzung der strategischen Geschäftsfelder ist darauf zu achten, den Standort nach bestimmten Gesichtspunkten (Wettbewerbsintensität, Technologie, Zukunftschancen) mit dem Gesamtmarkt zu vergleichen und infolgedessen einzelne vorteilhafte Segmente für den Standort auszuwählen. Dabei gilt, dass ein Wettbewerbsvorteil nur ein solcher ist, wenn er auch wahrgenommen wird, weshalb bei der Bewerbung der regionalen Standortangebote darauf zu achten ist, *„dass es sich um für Kunden wichtige Merkmale handelt, dass diese für Kunden offensichtlich, also einfach wahrnehmbar sind, und dass diese Vorteile von Regionen [oder Standorten] mit ähnlichen Philosophien kurzfristig nicht einholbar sind"* (JEKEL, S. 99). „Kunden" stehen in diesem Fall für Investoren, Touristen oder Unternehmen (vgl. JEKEL, S. 98f).

2.4. Das Internet als Marketinginstrument für Innen- und Außenmarketing

Neben der Nutzung von Printmedien (Zeitungen, Zeitschriften und Infoflyern) und elektronischen Medien (Rundfunk und selten auch TV) als Medium für Standortmarketing wird von vielen Standorten das Internet als Medium des Standortmarketings verwendet. Das Internet wird hierbei nicht nur zur Präsentation der eigenen Region verwendet, sondern zunehmd als Plattform für Regionale Standortinformationssysteme (vgl. PURSCHKE, S. 66). Die in den meisten Fällen bestehende regionale Präsentationsplattform soll zunehmend auch von Firmen und Unternehmen zur Firmen- und Produktpräsentation genutzt werden. *„Obwohl derzeit einer Internet-Nutzung kaum konkrete Nutzeneffekte zugeschrieben werden, wird deren Nicht-Anwendung vielmehr als Nachteil im "Wettbewerb der Regionen" angesehen"* (SEIBEL, S. 30), weshalb das Internet als bedeutender regionaler Entwicklungsfaktor für die Zukunft gesehen wird (vgl. SEIBEL, S. 30). Neben der Funktion der Internetpräsenz als Kommunikationsplattform für die Bürger und Unternehmen einer Kommune sind laut SEIBEL sind die Hauptzielsetzungen des Internetauftritts einer Region eine:

- Image- und Bekanntheitssteigerung,
- Förderung des Tourismus durch Darstellung der Sehenswürdigkeiten, Freizeitangebote und Unterkunftsbetriebe,

- Unterstützung der ortsansässigen Unternehmen durch Präsentation der Betriebe und ihrer Produkte und
- Anwerbung neuer Investoren durch Vorstellung der Standorteigenschaften, Gewerbeflächen und –projekte.

Vorteile des Internets sind hauptsächlich, dass im WorldWideWeb:
- weitergehende Informationen oder tiefergreifende Erläuterungen präsentiert werden können, während mit den klassischen Medien eher schnell und leicht vermittelbare Inhalte verbreitet werden können,
- schnell und kostengünstig Informationen zu relevanten Themen veröffentlicht werden können,
- die Angaben laufend aktualisiert werden können und
- meist eine direkte Kontaktaufnahme mit dem relevanten Ansprechpartner möglich ist (vgl. SEIBEL, S. 31).

Dabei ist es wichtig auf Benutzerfreundlichkeit, Vollständigkeit, Aktualität und klare Konzepte zu achten. Vor allem im Anfangsstadium einer Internetpräsenz ist eine intensive Bewerbung des Angebots sinnvoll, um dadurch eine „kritische Masse" zu erreichen und so das gesamte Potential des Internets erschließen zu können. Das Problem ist allerdings, dass oft die angestrebten Zielgruppen oft nur eingeschränkt erreicht werden (vgl. SEIBEL, S. 31f). *„Durch die Präsentation der ansässigen Unternehmen, Vereine und Initiativen unter einem gemeinsamen Dach wird für diese einerseits ein eindeutiger Lokalisationspunkt geschaffen und andererseits das Angebot der regionalen Anbieter insgesamt entscheidend erweitert sowie die Attraktivität der Präsentation erhöht"* (SEIBEL, S. 32).

Die Fähigkeit des Internets, die Region besser zu vernetzen oder sogar endogene Potentiale zu wecken sollte laut SEIBEL allerdings nicht überbewertet werden. Allerdings ist beispielsweise durch die Einrichtung eines regionalen Branchenführers, die Entstehung von geschäftlichen Beziehungen möglich, wobei die wichtigen „Face-to-Face" Kontakte im unternehmerischen Alltag sicherlich auch in Zukunft nicht durch das Internet ersetzt werden können (vgl. SEIBEL, S. 32).

2.5. Instrumente zur Imageverbreitung

Um das Image eines Standortes aufzubauen kann man sich folgender Instrumente bedienen:
- Slogans, Themen und Positionen
- Visuelle Symbole
- Veranstaltungen und Aktionen (vgl. KOTLER, S. 190)

2.5.1. Slogans, Themen und Positionen

Wenn ein Standort versucht ein Image aufzubauen wird meist zunächst ein Slogan entworfen, der, falls er sich durchsetzt, über viele Kampagnen aufrechterhalten wird und sich dazu eignen soll, Enthusiasmus und neue Ideen auszustrahlen. *„Ein Slogan ist ein kurzer, eingängiger Satz, der die Gesamtvision des Standortes verkörpert"* (KOTLER, S. 191). Eine weitere Möglichkeit ein Image aufzubauen ist die Fokussierung von entsprechenden Marketingprogrammen auf ein Thema, wie zum Beispiel Umwelt. Um eine möglichst große Wirkung zu erzielen sollte dabei darauf geachtet werden, dass das Thema vielseitig, flexibel aber auch realitätsnah ist. Alternativ zu Slogans und Themen kann ein Standort auch das Instrument der Imagepositionierung verwenden um sich regional, national oder auch international als Ort für eine bestimmte Aktivität zu positionieren. Ebenso kann sich ein Standort dadurch als Alternative für einen anderen Standort mit einer Stärkeren oder bereits etablierten Stellung positionieren. Bei der Imagepostionisierung ist vor allem darauf zu achten, dass hauptsächlich die Vorzüge und Merkmale eines Standortes kommuniziert werden, die den Standort unverwechselbar machen (vgl. KOTLER, S. 191f).

2.5.2. Visuelle Symbole

Visuelle Symbole, welche meist auf dem amtlichen Briefpapier, in Broschüren, auf Reklametafeln und bei zahlreichen anderen Gelegenheiten auftauchen können den Slogan, das Thema oder die Imagepositionierung unterstützen. Stimmt das visuelle Symbol nicht mit dem Slogan, dem Thema oder der Positionierung überein, besteht die Möglichkeit, dass es die Glaubwürdigkeit der Kampagne unterläuft und eher zu Verwirrung führt (vgl. KOTLER, S. 192ff).

2.5.3. Veranstaltungen und Aktionen

Obwohl die meisten Imagekampagnen mit eingängige Slogans, Werbekampagnen und Videos arbeiten, können auch Veranstaltungen und Aktionen den Aufbau eines Images begünstigen. Veranstaltungen können entweder massiv ausfallen und somit deutliche Akzente setzen oder das Publikum in leisen Tönen über eine lange Zeit hinweg beeinflussen (vgl. KOTLER, S. 195f).

2.6. Der strategische Prozess

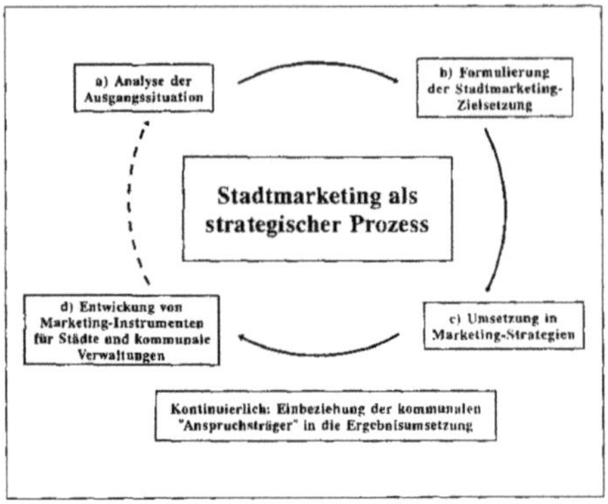

Wie auf Abbildung 1 zu erkennen ist, kann Standort-, Stadt- oder Regionalmarketing als ein permanenter Gesamtprozess angesehen werden, welcher eine geordnete und strategische Vorgehensweise erfordert (vgl. BEYER, KURON, S. 141). Bevor ein Marketingkonzept entwickelt werden kann ist zunächst eine sorgfältige Analyse der Ausgangssituation notwendig. Mit Hilfe der Marktforschung können Analysen vorgenommen werden, die die Nutzenerwartung der Bürger (im Fall von Stadt- und Regionalmarketing) oder die Nutzenerwartung von Unternehmen (im Fall von Standortmarketing) erforschen um aufgrund dieser Basis bedarfsgerechte kommunalpolitische Entscheidungen treffen zu können.

Abb. 1: Strategischer Prozess   Quelle: BEYER,KURON 1995

Nach der so genannten "Ist-Analyse" müssen die Marketingziele formuliert werden, wobei häufig Konfliktfelder auftreten. So treten zum Beispiel bei der Leitbildfindung oft Probleme auf, wenn das steuerpolitische Interesse einer Stadt an Industrieansiedelungen mit dem synchronen Wunsch der Bürger nach einer ruhigen und naturbelassenen Wohnqualität aufeinander treffen. Ein weiteres Konfliktpotential bilden zum Beispiel auch der Wunsch nach einer guten Verkehrsanbindung einerseits und die Sorge um Lärm- und Abgasbelastung andererseits sein (vgl. MEISSNER, S. 22ff).

Im Anschluss muss an die Formulierung der Ziele eine Umsetzungsphase anknüpfen, in der die Ziele des Marketings in konkrete Marketingstrategien umgesetzt werden. Dies kann sowohl bei den Stadt- oder Regionalverwatungen wie auch bei den Industrie- und Handelskammern oder anderen Trägern öffentlicher Belange geschehen, indem die Marketingkonzepte und –vorstellungen in die tägliche Arbeit der Mitarbeiter einbezogen werden. In der Umsetzungsphase müssen auch spezifische Instrumente für das Marketing entwickelt werden, welche auf die besonderen Aufgaben der Stadt- oder Regionalverwaltungen abgestimmt sind (vgl. MEISSNER, S. 22ff). Hierunter fällt zum Beispiel eine Abstimmung des Angebots an Gewerbeflächen an die Erwartungen der Unternehmen, welche an den Standort gelockt werden sollen.

Das vorläufige Ergebnis eines Marketingprozesses ist ein „...umsetzbares, tragfähiges und mit den wichtigen Zielgruppen abgestimmtes Marketing-Konzept für die Stadt bzw. Region

..." (BERTRAM, S. 37). Dieses Marketing-Konzept dient als mittelfristige Grundlage für die gemeinsame Gestaltung des Stadt- bzw. Regionalprofils durch die Verwaltung, Wirtschaft und Bürger (vgl. BERTRAM, S. 37). Da sich allerdings die Rahmenbedingungen ändern können, müssen diese permanent mit der Ausgangssituation verglichen werden um auf neue Herausforderungen reagieren zu können.

Der gesamte strategische Marketingprozess steht lauf BEYER & KURON unter permanentem Einfluss des "10-K-Modells für Stadt- und Regionalmarketing" (siehe Abbildung 2), welches prinzipiell auch für Standortmarketing verwendet werden kann (vgl. BEYER, KURON, S. 142f):

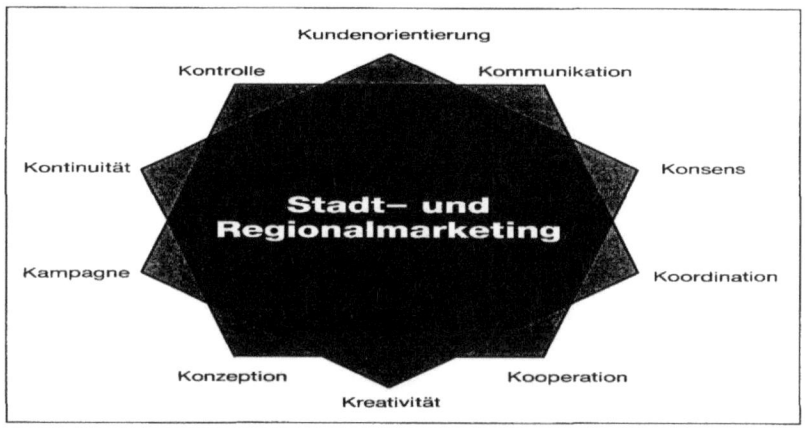

Abb. 2: 10-K-Modell   Quelle: BEYER,KURON 1995

- Kundenorientierung gilt als die Richtschnur aller Aktivitäten. Da jedoch meist unterschiedliche Interessen vorhanden sind ist es nicht leicht alle Wünsche zu berücksichtigen. Es muss also auch eine Art Abwägung stattfinden, bei der die Wünsche von manchen Kunden – seien es jetzt Bürger oder Unternehmen auch unterliegen können. Hier muss man sich also bereits Entscheiden, in welche Richtung die zukünftige Entwicklung gehen soll (vgl. BEYER, KURON, S. 142f). Beim reinen Standortmarketing stehen Existenzgründer und etablierte sowie ansiedlungswillige Unternehmen im Fokus der Bemühungen. Dabei sind die Kundenwünsche und die zielgruppenspezifische Beratung, welche durchaus von Standort zu Standort unterschiedlich sind, die zentralen Aspekte der Zusammenarbeit (vgl. LEUNINGER, HELD, S. 162).

- Kommunikation ist entscheidend für alle internen und externen Austauschprozesse. Hierbei ist es wichtig, dass auch alle Partner bereit sind, sich aktiv zu beteiligen. Jeder muss dabei auch das Gefühl haben, dass seine Meinung ernst genommen wird (vgl. BEYER, KURON, S. 142f). Allerdings „*lässt sich immer wieder eine mangelnde Kommunikation zwischen politischen Gremien und den Akteuren der Wirtschaftsförderung beobachten*" (LEUNINGER, HELD, S. 162). In diesem Zusammenhang sollten auch verschiedene Wirtschaftsfördereinrichtungen, namentlich die Industrie- und Handelskammern, Handwerkskammern und die Einrichtungen auf räumlicher Ebene (Kommune, Landkreis, Region, Bundesland) an Zusammenarbeit interessiert und deren Aktivitäten deshalb aufeinander abgestimmt sein (vgl. LEUNINGER, HELD, S. 162).
- Ein tief greifender Konsens gilt als Voraussetzung für die Leitbildformulierung und ist wichtig für die Identifikation. Durch den Konsens soll sichergestellt werden, dass ein klares Leitbild formuliert werden kann. Der Konsens muss jedoch auch von allen beteiligten Gruppen akzeptiert werden, sonst könnte die ganze Marketingkonzeption ins wanken geraten. Unter Umständen kann es schwierig sein, alle Meinungen unter einen Hut zu bringen, weswegen hier durchaus Konfliktpotential gesehen werden kann.
- Koordination ist organisatorische Grundvoraussetzung um die regionalen bzw. lokalen Kräfte bündeln zu können. Durch gemeinsame Diskussionen und Arbeitskreise kann ein Zusammenhalt entstehen, frei nach dem Motto „Gemeinsam sind wir stark". Allerdings müssen alle Akteure auch bereit sein, sich an den Diskussionen zu beteiligen.
- Kooperation ist wichtig für die Freisetzung von Synergieeffekten und zur inneren Stärkung des Prozesses.
- Kreativität wird benötigt, um verkrustete Strukturen aufbrechen zu können und dadurch neue innovative Wege und Maßnahmen finden zu können. Dies kann natürlich schwierig sein, wenn konservative Kreise versuchen, veraltete Strukturen erhalten zu wollen. Hier kann eventuell das ganze Marketingkonzept gefährdet werden, wenn es nicht geschafft werden kann, dass alle Beteiligten vernünftig miteinander umgehen.
- Eine unverkennbare Konzeption ist für ein organisiertes Vorgehen und eine klare Zieldefinition unverzichtbar.
- Ohne eine Kampagne, welche die Maßnahmen umsetzt hätte das gesamte Konzept keinen Sinn.

- Kontinuität ist notwendig, um mit einer langfristigen Strategie und Ausdauer, die Stadt oder Region lang anhaltende Perspektiven zu geben.
- Kontrollen sind im Sinne der Kundenorientierung notwendig, um zu überprüfen, ob neuer Handlungsbedarf besteht (vgl. BEYER, KURON, S. 142f).

Im Folgenden soll auf die einzelnen Phasen des strategischen Prozesses die Konzeptphase, die Konkretisierungsphase und die Realisierungs- bzw. Umsetzungsphase näher eingegangen werden.

2.6.1. Konzeptphase

In der Konzeptphase werden die Grundlagen für eine Strategieentwicklung gesammelt und ausgewertet. Dies soll am Ende der Konzeptphase in einer Art "Ist-Profil" festgehalten werden, welches zugleich als Ausgangspunkt für die Ableitung eines umfassenden Leitbildes dient.

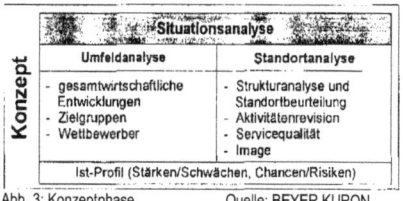

Abb. 3: Konzeptphase   Quelle: BEYER,KURON

Zunächst muss eine Analyse der Ausgangssituation eingeleitet und durchgeführt werden. Hierbei können Chancen und Risiken abgeschätzt werden und außerdem kann durch die Analyse der Stärken und Schwächen Aufschluss über die internen Potentiale gegeben werden. Interne Potentiale sind alle Potentiale innerhalb einer Region, die für eine positive, zukünftige Entwicklung wichtig sein können. Im Vergleich mit anderen Städten oder Regionen können nun Wettbewerbsvorteile einer Stadt oder Region erkannt und weiter verwendet werden. Da diese Wettbewerbsvorteile einer Stadt oder Region unter Umständen nicht genau messbar sein können, können hier bereits erste Schwierigkeiten auftreten.

Die Situationsanalyse gliedert sich in eine Umfeldanalyse und eine Standortanalyse. Bei der Umfeldanalyse sollen die exogenen Rahmenbedingungen und deren Auswirkungen auf die künftige Entwicklung anhand von bestimmten Aspekten wie der gesamtwirtschaftlichen Entwicklung der Region, Zielgruppen/-märkten und Wettbewerber untersucht werden. Die Analyse der gesamtwirtschaftlichen Entwicklung soll Aufschluss über die künftigen Megatrends und deren Auswirkungen auf das regionale Umfeld geben. Anhand der Zielgruppenanalyse sollen die Bedürfnisse der Bürger, Unternehmen und Besucher ermittelt werden. Eine Analyse der Wettbewerber kann eine wichtige Quelle für die Entwicklung von Marketingstrategien sein. Bei der Standortanalyse sollten eine Strukturanalyse (Branchen und Entwicklungspotentiale) und eine Standortbeurteilung durchgeführt werden. Außerdem soll in einer "Aktivitätenrevision" eine kritische Analyse und Bewertung der vergangenen

Planungen erfolgen. Hierbei sollte vor allem auf die Bereiche Stadt-/Regionalentwicklung, Wirtschaftsförderung, Fremdenverkehr, Umweltschutz, Kultur/Soziales, Bildung und regionale Kooperation eingegangen werden. Weitere Punkte einer Standortanalyse sind die Analyse der Servicequalität einzelner Institutionen mittels Umfragen und eine Imageanalyse bei verschiedenen Zielgruppen, anhand derer die verschiedenen Vorurteile gegenüber einer Stadt oder Region gut ermittelt werden können (vgl. BERTRAM, S. 31ff und GERBER, S. 81ff).

2.6.2. Konkretisierungsphase

In dieser Phase werden die Ziele des Marketings festgelegt und außerdem wird eine geeignete Strategie entwickelt, um die festgelegten Ziele erreichen zu können.

Die Festlegung der Ziele kann mit einer Leitbildfindung gleich gesetzt werden, bei der die Ziele einer Stadt oder Region definiert werden.

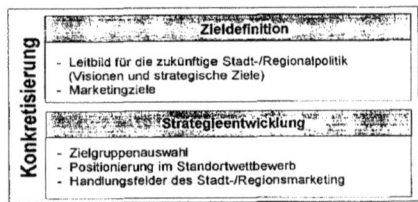

Abb. 4: Konkretisierungsphase   Quelle: BEYER,KURON 1995

Es geht hier hauptsächlich um die Frage „Wo wollen wir hin?". Es ist wichtig, bei der Formulierung der Ziele alle Gruppen zu beteiligen, die an der aktiven Gestaltung der Stadt bzw. Region beteiligt oder interessiert sind. Beim Standortmarketing werden dabei hauptsächlich wirtschaftliche Interessen verfolgt. Die „Visionen sollten

- *prägnant formuliert sein,*
- *die angestrebten Ziele benennen und*
- *realisierbar sein."* (BERTRAM, S. 33)

Aus den Visionen werden strategische Ziele für die künftige Entwicklungspolitik entworfen, welche wiederum als Basis für die Ableitung von konkreten Marketingzielen dienen. Bei der Entwicklung der Strategie ist es wichtig Prioritäten zu setzen. Es ist notwendig sich auf wenige strategische Richtungen zu beschränken, weil sonst die Gefahr besteht, die strategische Richtung in einem breiten Spektrum an Strategien aus dem Auge zu verlieren.

Um die Ziele präzise festlegen zu können, ist es notwendig, die Zielgruppen möglichst exakt einzugrenzen. Um eine möglichst hohe Wirkung zu erreichen, ist es wichtig, diejenigen Marktsegmente auszuwählen, bei denen die Standortanforderungen/Bedürfnisse mit dem Standortprofil am ehesten übereinstimmen. Die Wirtschaftsförderung legt hierbei zum Beispiel ein Augenmerk auf diejenigen Wirtschaftsbereiche, welche die bestehenden Strukturen sinnvoll ergänzen und durch eine überproportionale Wachstumsdynamik weitere Impulse erzeugen können. Der Tourismussektor muss sich zum Beispiel oft zwischen Tagungsgästen, Familien oder sonstigen Urlauben entscheiden. Die Gesamtgruppe der

Bürger darf allerdings nicht nach einzelnen Zielgruppen ausgewählt werden. Hier kann höchstens eine Segmentierung nach Anspruchsgruppen stattfinden, um keine bevorzugte Behandlung einzelner Gruppen zu veranlassen (vgl. BERTRAM, S. 33ff und BÜHLER, S. 37).

Sind Leitbild und Zielgruppenauswahl festgelegt, sollen die Aspekte und Standortvorteile in Form einer Positionierung herausgestellt werden, welche die Stadt bzw. Region gegenüber ihnen Mitbewerbern deutlich abgrenzt. Hierbei sollte versucht werden eine "unique selling position" (USP) herauszustellen, die als zentraler Punkt für die Kommunikation der Stadt bzw. Region genutzt werden kann. Slogans wie „freundlicher Standort im Grünen" oder „zentrale Lage im Herzen Europas" sollten dabei möglichst vermieden werden, da diese oder ähnliche Punkte allzu häufig von Städten und Regionen reklamiert werden und dadurch nicht dazu dienen können, sich von anderen Mitbewerbern abzuheben (vgl. BERTRAM, S. 33ff und BÜHLER, S. 37).

Dieses nun definierte Image soll dabei helfen eine städtische bzw. regionale Identität (auch City Identity (CI) bzw. Regional Identity (RI) genannt) herzustellen, damit das Selbstverständnis der Stadt in einer einheitlichen Form nach innen und nach außen verbreitet werden kann. Entscheidend für den Erfolg dieses ganzen Vorhabens ist es, das Image nicht im Formalen erschöpfen zu lassen, sondern die Mitglieder der Verwaltung permanent zu aktiver Zielgruppenansprache und konkretem Handeln zu animieren. Geschieht dies nicht, sind Irritationen die Folge.

Durch die Festlegung der prioritären Handlungsfelder kann die Strategieentwicklung abgeschlossen und mit Hilfe eines Marketing-Mix in konkrete Maßnahmen umgesetzt werden (vgl. BERTRAM, S. 33ff und BÜHLER, S. 37).

2.6.3. Realisierungsphase

In der anschließenden Realisierungsphase sollen konkrete Projekte zur Verbesserung der Attraktivität der Stadt oder Region mittels eines Marketing-Mix umgesetzt werden.
Der Schwerpunkt möglicher Aktivitäten liegt hier beim Punkt "Produkte und Kommunikation". Hierbei spielen nicht nur öffentliche Leistungen eine Rolle, sondern auch weitere Faktoren wie zum Beispiel das Preis- /Leistungsniveau von Handel und Gewerbe. Die Produktpolitik, welche den Kern der

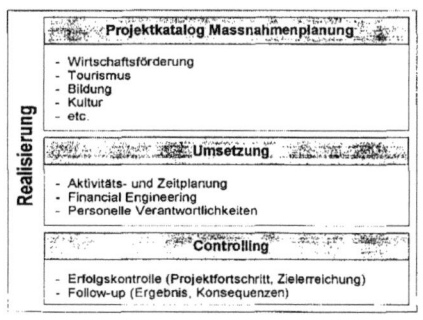

Abb. 5: Realisierungsphase   Quelle: BEYER,KURON 1995

eigentlichen Marketingstrategie bildet, wird von den unterschiedlichen Anspruchsgruppen auch recht differenziert wahrgenommen. Die Zielgruppe "Unternehmen", welche sich in verschiedene Branchen, Betriebsgrößen und Wirtschaftszweige mit unterschiedlichen Standortanforderungen untergliedert, legt zum Beispiel Wert auf Standortangebote, technische Infrastruktur und private bzw. öffentliche Dienstleistungen, wohingegen die Zielgruppe "Bürger und Besucher" zum Beispiel eher Wert auf die Attraktivität der Innenstadt, das Erscheinungsbild oder Bürgernähe legt.

Um eine Akzeptanz des Marketings bei der Öffentlichkeit, Betrieben und Unternehmen zu erreichen, ist es wichtig, möglichst schnell mit der Realisierung erster Projekte zu beginnen.

„Das Maßnahmenprogramm zur Umsetzung der erarbeiteten Strategien und Instrumente umfasst im Einzelnen:
- Definition und Beschreibung umsetzungsfähiger Projekte;
- Festlegung von Verantwortlichkeiten;
- Verpflichtung der Akteure (insbesondere der Projektpromotoren);
- Finanzierungsstrategien;
- Zeit- und Projektplanung." (BERTRAM, S. 35)

Eine Überprüfung der Zielerreichung ist für eine Erfolgskontrolle unabdinglich, wobei Hinweise auf notwendige Modifikationen errungen werden können. In bestimmten Zeitabständen sollen die erreichten Fortschritte mit den sich verändernden Rahmenbedingungen verglichen werden, um zu überprüfen, ob neuer Handlungsbedarf besteht. (vgl. BERTRAM, S. 35f und GERBER, S. 81ff)

Die Evaluation des Standortmarketings beläuft sich in den meisten Fällen auf einen Mix von Datenerhebungen, sowie Befragungen über Interviews und Fragebögen in Verbindung mit Wirkungs- sowie Stärken-Schwächen-Analysen. Da die Evaluationen aufgabenspezifisch differieren, gibt es kein generalisierungsfähiges Methodik-Konzept. Gerade deswegen sollte auf eine nachvollziehbare Darstellung der methodischen Vorgehensweise Wert gelegt werden (vgl. KISTENMACHER, S. 108f).

Prinzipiell können Evaluationen ex-post, ex-ante oder auch begleitend durchgeführt werden, wobei es sich im Bereich des Standortmarketings anbietet vor allem begleitende und prozessorientierte Evaluationen durchzuführen. Dabei gilt: Je früher die Evaluation einsetzt, desto eher sind Fehler zu verhindern. Außerdem können begleitende Kontrollen die Durchsetzung von Veränderungen noch während des Marketingprozesses begünstigen (vgl. KISTENMACHER, S. 109).

3. DIfU-Umfrage 2004 „Stadtmarketing"

Im Frühsommer 2004 führte das Deutsche Institut für Urbanistik (DIfU) in Kooperation mit der Bundesvereinigung City- und Stadtmarketing e.v. (bcsd) eine Umfrage unter deutschen Städten und Gemeinden durch. Aus den Umfrageergebnissen werden später die wesentlichen Faktoren und Voraussetzungen für ein erfolgreiches Stadtmarketing abgeleitet (vgl. GRABOW, HOLLBACH-GRÖMIG, S. 35).
Stadtmarketing verfolgt hautsächlich Ziele, die die Steigerung der Attraktivität der Stadt in den Vordergrund stellen. Die sich verschlechternde kommunale Finanzlage und die zunehmend schwieriger werdende Situation des örtlichen Einzelhandels führen dazu, dass Kooperationen mit privaten Akteuren einen immer größeren Stellenwert erhalten. Die Phasen der Bestandsaufnahme sowie der Ziel- und Leitbildentwicklung sind in den meisten Städten abgeschlossen und es findet hauptsächlich eine Umsetzung der Maßnahmen über konkrete Projekte statt. Teilweise wird auch auf Grund von begrenzten Ressourcen das Spektrum der Ziele reduziert, um durch eine stärkere Bündelung zumindest die wichtigsten Ziele umsetzten zu können. Die wichtigsten Zieldimensionen sind: Wirtschaftsförderung, Entwicklung eines Kundenorientierten Leitbildes, Kooperation mit Privaten, Stärkung der Innenstadt, Strategische Stadtentwicklung und Bewerbung/Profilierung der Stadt.
Laut dieser Studie besteht *„zwischen den Zielen und dem Erfolg der Stadtmarketingprojekte (in der Selbsteinschätzung) [...] kein empirisch nachgewiesener Zusammenhang."* (GRABOW, HOLLBACH-GRÖMIG, S. 38) Das kann entweder daran liegen, dass erfolgreiche Projekte nahezu unabhängig von dem jeweils unterschiedlichen Zielprofil sind, oder dass die Ziele nur in geringem Zusammenhang mit der effektiven Umsetzung der Stadtmarketingprojekte stehen und deshalb auch nicht determinieren für Erfolg sind. Durch den Vergleich der Ziele mit den Aktivitäten der Stadtmarketinginstitutionen zeigt, dass Ziel nur begrenzt aussagen was in Stadtmarketingprojekten tatsächlich passiert. (vgl. GRABOW, HOLLBACH-GRÖMIG, S. 38) Eine klassische Evaluation (Soll-ist-Vergleich) kann also nicht als Maßstab für den Erfolg eines Stadtmarketingprojektes verwendet werden kann. Überraschend mag vielleicht auch das Ergebnis der Empirischen Analysen sein, dass sich Aktivitäten und Ziele nur begrenzt entsprechen. Nur etwa die Hälfte der Aktivitäten stimmt nach dieser Analyse mit den Aktivitäten der Stadtmarketinginitiativen überein (vgl. GRABOW, HOLLBACH-GRÖMIG, S. 40ff). Vor allem wenn die Zieldimension „Innenstadtentwicklung" für die Marketinginitiative wichtig war, wurden auch häufig Maßnahmen zur Innenstadt- und Einzelhandelsentwicklung realisiert. Ebenso wurde auch regelmäßig Maßnahmen zur Ansiedelungsförderung und Bestandsentwicklung umgesetzt wenn „Wirtschaftsförderung" als hervorgehobenes Ziel formuliert war. Wenn es einer Stadt wichtig ist sich zu bewerben und zu profilieren engagierten sich diese Städte meist jedoch

auch nicht mehr als andere Kommunen im Bereich der touristischen Angebotsentwicklung und –vermarktung. Hieraus ergeben sich folgende Schlussfolgerungen: Einerseits sollte die Festlegung der Ziel möglichst konkret und wenig allgemein erfolgen und andererseits sollte durch ein Projektcontrolling der Erreichungsgrad der festgelegten Ziele kontinuierlich überprüft werden (vgl. GRABOW, HOLLBACH-GRÖMIG, S. 42f).

Da nur ca. 15 Prozent der befragten Städte mit Kennzahlen arbeiten und ihre Ziele mit entsprechenden Indikatoren unterlegen und sogar nur ein Bruchteil von diesen 15 Prozent den Erfolg von Stadtmarketing an diesen Zahlen misst, ist das Arbeiten mit strategischen Kennzahlen also kaum Gegenstand eines systematischen Monitoring oder gar Grundlage des Steuerns einer Stadtmarketinginitiative. Kommunen die mit Kennzahlen arbeiten sind mit den erzielten Erfolgen oft erheblich zufriedener als die Kommunen, die ohne Kennzahlen arbeiten. Allerdings gibt es hier keinen unmittelbaren kausalen Zusammenhang, denn möglicherweise gehen jene Projekte, die ein Controlling integrieren, insgesamt professioneller vor und können deshalb auch größere Erfolge verzeichnen (vgl. GRABOW, HOLLBACH-GRÖMIG, S. 51). Es bleibt also in den meisten Fällen nur der Weg, sich auf die Selbsteinschätzung der Akteure zu verlassen. Als Haupterfolge werden von den Akteuren hauptsächlich genannt, dass die Kommunikation zwischen den verschiedenen Gruppen gefördert wurde und dass realisierbare Maßnahmen entwickelt wurden (vgl. GRABOW, HOLLBACH-GRÖMIG, S. 43). In Städten, die bei der Realisierung guter Projekte positive Erfahrungen gemacht haben, wird das Stadtmarketing als Erfolg gesehen und auf Dauer weiter laufen. In Städten oder Gemeinden, bei denen nach eigener Einschätzung die Projektgruppen sehr konstruktiv zusammenarbeiten, die Kommunikation zwischen den verschiedenen Gruppen gefördert wurde oder wird und die Bürger und Unternehmen zur Mitarbeit motiviert werden konnten wird Stadtmarketing ebenfalls als Erfolg gewertet. Ebenso werten Kommunen Stadtmarketinginitiativen als Erfolg, wenn sich deren Innovations- und Handlungsfähigkeit aufgrund der besseren Ausrichtung auf die Kunden- und Zielgruppenbedürfnisse im Rahmen einer Stadtmarketinginitiative verbessert hat (vgl. GRABOW, HOLLBACH-GRÖMIG, S. 45f).

Da die für das Stadtmarketing erforderlichen Kompetenzen und Ressourcen in Städten mittlerer Größe vorhanden, diese aber noch nicht zu groß und in ihren Aufgaben noch nicht zu ausdifferenziert sind, scheint Stadtmarketing hier besonders gut zu funktionieren (vgl. GRABOW, HOLLBACH-GRÖMIG, S. 43f).

Meist findet beim Controlling des Stadtmarketings nur eine relativ oberflächliche Ergebniskontrolle auf Basis der Selbsteinschätzung der Akteure statt, welche Nebenwirkungen oder Multiplikatoreffekte allerdings meist nicht berücksichtigt. Um diesem Problem zu entgegnen, versucht die Bundesvereinigung City- und Stadtmarketing

Deutschland einen Kennzahlenkatalog für das Controlling der durchgeführten Aktivitäten zu entwickeln (vgl. GRABOW, HOLLBACH-GRÖMIG, S. 50f).

4. Zusammenfassung und Ausblick

Einflüsse wie Globalisierung, Tertiärisierung und Prozesse der europäischen Integration führen zu veränderten Standortanforderungen für Unternehmen. *"Standort-Marketing ist eine der vorrangigen Voraussetzungen, um in unserer neuen Wirtschaft wettbewerbsfähig zu bleiben"* (KOTLER, S. 412). Allerdings ist es für die Standorte in den vergangenen Jahren zunehmend schwieriger geworden, Unternehmen an ihren Standorten zu halten beziehungsweise Neuansiedelungen zu erreichen. Die Mobilität der Betriebe nimmt zu. *"Der Wettbewerb unter den Standorten ist intensiver und härter geworden"* (ICKS, S. 22). Eine gut ausgebaute Verkehrs- und Netzinfrastruktur, ein sehr guter Anschluss an das WorldWideWeb und die Schaffung von Kommunikationsplattformen werden als besonders wichtige Standortfaktoren angesehen um unter den sich verändernden ökonomischen Rahmenbedingungen konkurrenzfähig zu bleiben (vgl. PURSCHKE, S. 66). Standortmarketing kann helfen, die Angebote eines Standortes nach Außen zu vermarkten, die Vorzüge eines Standortes darzustellen und somit ein eindeutiges Image des Standortes zu schaffen, wodurch eine Art „Marktübersicht" erreicht wird. Einerseits können standortsuchende Unternehmen hierdurch leichter den geeigneten Standort für ihr Unternehmen finden. Da jedoch nahezu alle Regionen und Standorte ein gewisses Maß von Marketing betreiben und versuchen, gewisse Branchen anzusprechen, findet auch eine Art von Nivellierung statt und die Marketinginitiativen heben sich – zumindest teilweise - gegenseitig auf. Dadurch stellt sich zu Recht die Frage ob man das für Standortmarketing investierte Geld nicht eher in andere Bereiche investieren sollte. Ein Standort ohne Standortmarketing wäre jedoch in der heutigen zunehmend global agierenden Wirtschaft in den meisten Fällen nicht fähig, mit den konkurrierenden Standorten mithalten zu können. Wenn ein Standort nicht auf sich aufmerksam macht, besteht die Gefahr, dass er übersehen wird. Nur durch die Konzentration der unterschiedlichen Kräfte eines Standortes und durch einen gemeinsamen strategischen Rahmen kann die Wirkungsschwelle auf dem Markt überwunden werden. Standortmarketing ist also eine wichtige Voraussetzung, um in der veränderten Konjunkturlage konkurrenzfähig zu bleiben und sich auf regionaler, nationaler und internationaler Ebene zu präsentieren. In den meisten Fällen ist ein Standortmarketing in der heutigen Zeit deshalb nicht mehr wegzudenken.
Bei den Einflussmöglichkeiten der regionalen Wirtschaftsförderung ist es wichtig zwischen Großunternehmen und kleineren und mittleren Unternehmen (KMU) zu unterscheiden. Mit Blick auf neue Technologien, wie beispielsweise E-Commerce, wird der Schwerpunkt der

Tätigkeit bei der Informationsvermittlung und Bewusstseinsbildung für die KMUs gesehen. Vor allem für kleinere Unternehmen ist es von enorm großer Bedeutung, auf ihre Bedürfnisse zugeschnittene Informationen zu erhalten (vgl. PURSCHKE, S. 66).

Laut GRABOW und HOLLBACH-GRÖMIG kann Standortmarketing dazu führen, dass die Projektgruppen sehr konstruktiv zusammenarbeiten, die Kommunikation zwischen den verschiedenen Gruppen gefördert wird und die Bürger und Unternehmen zur Mitarbeit motiviert werden können. Außerdem kann die Innovations- und Handlungsfähigkeit einer Kommune aufgrund der besseren Ausrichtung auf die Kunden- und Zielgruppenbedürfnisse im Rahmen einer Marketinginitiative verbessert werden (vgl. GRABOW, HOLLBACH-GRÖMIG, S. 45f).

Obwohl die Messung der Effekte noch vor gewaltigen methodischen Problemen steht (z.B.: Kennzahlenbasiertes Controlling der Aktivitäten), mit den Marketinginitiativen hohe Kosten verbunden sind und die Wettbewerbsstrategien möglicherweise in volkswirtschaftlicher Perspektive nur der Bestandteil eines Nullsummenspiels sind, so helfen sie doch, im internationalen Maßstab die gesamtwirtschaftliche Leitungsfähigkeit und Standortattraktivität anzuheben. Wichtigstes Element des Standortmarketings ist die Ausbildung eines Positiven Images, welches den Grundstein für eine Reihe von Folgewirkungen darstellt. Das wichtigste Instrumentarium stellt die Kommunikation dar, welche als Basis für den ganzen Prozess gilt. Entscheidend für den Erfolg eines Standort-, Stadt- oder Regionalmarketings ist der Wille und Einsatz der regionalen Akteure. Von den Leitfiguren und Persönlichkeiten geht viel Kraft aus, allerdings besteht damit auch die Gefahr, dass mit dem Rücktritt dieser Personen, die Prozesse insgesamt ins Ruhen geraten oder sogar zum Erliegen kommen.

Auch wenn Standortmarketing möglicherweise in Zukunft immer wichtiger werden wird, ist anzunehmen, dass die finanziellen Ressourcen, die für Koordinations- und inhaltlich freiwillige Aufgaben zur Verfügung stehen, aufgrund der Dauerkrise der kommunalen Finanzen reduziert werden. Durch den hieraus entstehenden Rechtfertigungs- und Erfolgsdruck werden keine „ökologischen Nischen" entstehen können.

Der in Zukunft zunehmende Problem-, Anpassungs- und Handlungsdruck wird aber auch dazu führen, dass das Verlangen nach Standortmarketinginstitutionen mit ihren Fähigkeiten und Fertigkeiten zunehmen wird. Hierbei geht es vor allem um die Fähigkeiten

- durch Informations- und Transaktionsleistungen effiziente Problemlösungen zu ermöglichen und
- durch demokratische Aushandlungen die repräsentative Meinungsbildung zu ergänzen (vgl. BIRK, GRABOW, HOLLBACH-GRÖMIG, S. 315ff).

Literaturverzeichnis:

BIHK - Bayerischer Industrie- und Handelskammertag; Bayerisches Staatsministerium für Wirtschaft, Infrastruktur, Verkehr und Technologie [Hrsg.] (2006): Standorte anbieten und finden im Standort-Informations-System Bayern (SISBY). München, 4 S.

BECKORD, C., JURCZEK, P. (2004): „Beleuchtete Wiesen" oder „Blühende Landschaften"? – Zum Stand der Gewerbeflächenentwicklung und – vermarktung in der Region Südwestsachsen. In: Deutscher Verband für Angewandte Geographie e.V. (DVAG) [Hrsg.]: Standort – Zeitschrift für Angewandte Geographie 2/2004, Bonn, 58-65.

BERTRAM, M. (1995): Marketing für Städte und Regionen – Modeerscheinung oder Schlüssel zur dauerhaften Entwicklung?. In: Beyer, R., Kuron, I. [Hrsg.]: Stadt- und Regionalmarketing – Irrweg oder Stein der Weisen?. Bonn, 29-38.

BEYER, R., KURON, I. (1995): Resümee. In: Beyer, R., Kuron, I. [Hrsg.]: Stadt- und Regionalmarketing – Irrweg oder Stein der Weisen?. Bonn, 139-143.

BIRK, F., GRABOW, B., HOLLBACH-GRÖMIG, B. (2006): Stadtmarketing – Der falsche Begriff für die richtige Sache? Hoffnungen, Mythen, Realitäten und Perspektiven. In: BIRK, F., GRABOW, B., HOLLBACH-GRÖMIG, B. [Hrsg.]: Stadtmarketing – Status quo und Perspektiven, DIfU Beiträge zur Stadtforschung, Band 42. Berlin, 309-318.

BÜHLER, G. (2002): Regionalmarketing als neues Instrument der Landesplanung in Bayern. In: Schriften zur Raumordnung und Landesplanung, Band 11. Augsburg-Kaiserslautern, 230 S.

EBERHARDT, W. (2005): Bewertung ländlicher Entwicklungsprogramme – Rahmenbedingungen, Methoden, Informationen und Wirkungsanalysen. In: Deutscher Verband für Angewandte Geographie e.V. (DVAG) [Hrsg.]: Standort – Zeitschrift für Angewandte Geographie 4/2005, Bonn, 184-189.

GERBER, M. (1991): Standortmarketing – ein Konzept zur Wirtschaftsförderung im regionalen Bereich. Das Beispiel des Wirtschaftsraumes Kronach. In: Maier, J. [Hrsg.]: Arbeitsmaterialien zur Raumordnung und Raumplanung, Heft 107. Bayreuth, 70-95.

GRABOW, B., HOLLBACH-GRÖMIG, B. (2006): Ziele, Aktivitäten und Erfolgsfaktoren von Stadtmarketing. In: BIRK, F., GRABOW, B., HOLLBACH-GRÖMIG, B. [Hrsg.]: Stadtmarketing – Status quo und Perspektiven, DIfU Beiträge zur Stadtforschung, Band 42. Berlin, 35-59.

GRABOW, B., HOLLBACH-GRÖMIG, B., BIRK, F. (2006): Stadtmarketing – Aktuelle Entwicklungen im Überblick. In: BIRK, F., GRABOW, B., HOLLBACH-GRÖMIG, B. [Hrsg.]: Stadtmarketing – Status quo und Perspektiven, DIfU Beiträge zur Stadtforschung, Band 42. Berlin, 19-34.

VON DER HEIDE, H.-J. (1995): Grundlagen für das Regionalmarketing – Eine Einführung. In: Beyer, R., Kuron, I. [Hrsg.]: Stadt- und Regionalmarketing – Irrweg oder Stein der Weisen?. Bonn, 85-96.

ICKS, A., RICHTER, M. (1999): Kommunale Wirtschaftsförderung – ein innovatives Modell. In: Deutscher Verband für Angewandte Geographie e.V. (DVAG) [Hrsg.]: Standort – Zeitschrift für Angewandte Geographie 4/1999, Bonn, 9-14.

JEKEL, T. (1998): Regionalmanagement und Regionalmarketing – Theoretische Grundlagen kommunikativer Regionalplanung. In: SIR-Schriftenreihe, Band 18. Salzburg, 124 S.

KISTENMACHER, H. (2004): Evaluationen – ein Ansatz zur Weiterentwicklung der neuen Instrumente der Raumordnung. In: Goppel, K., Schaffer, F., Spannowsky, W,. Troeger-Weiß, G. [Hrsg.]: Schriften zur Raumordnung und Landesplanung (SRL) – Band 15 – Sonderband: Implementation der Raumordnung – Wissenschaftliches Lesebuch für Konrad Goppel. Weißenstadt, 105-114.

KOTLER, P. (1994): Standort-Marketing: Wie Städte, Regionen und Länder gezielt Investitionen, Industrien und Tourismus anziehen / Philip Kotler; Donald Haider; Irving Rein. Düsseldorf, Wien, New York, Moskau, 439 S.

LEUNINGER, S., HELD, H. (2003): Kommunale Wirtschaftsförderung im Umbruch. In: Deutscher Verband für Angewandte Geographie e.V. (DVAG) [Hrsg.]: Standort – Zeitschrift für Angewandte Geographie 4/2003, Bonn, 161-166.

MEISSNER, H.-G. (1995): Stadtmarketing – eine Einführung. In: Beyer, R., Kuron, I. [Hrsg.]: Stadt- und Regionalmarketing – Irrweg oder Stein der Weisen?. Bonn, 21-28.

MEISTER, D. P., PRIZING, H., HOLZ, M. (2006): Günzburg oder Legoburg – Chancen und Risiken eines Identitätsprozesses. In: Deutsches Institut für Urbanistik [Hrsg.]: Zukunft von Stadt und Region, Band III: Dimensionen städtischer Identität – Beiträge zum Forschungsverbund „Stadt 2030". Wiesbaden, 171-200.

POSCHWATTA, W., EPPLE, M. (2000): Regionales Marketing ohne Management? – Zu den Aktivitäten im Bezirk Schwaben. In: Schaffer, F., Thieme, K. [Hrsg.]: Angewandte Sozialgeographie, Nr. 39: Innovative Regionen – Umsetzung in die Praxis. Augsburg , 64-71.

PURSCHKE, I. (2003): Regionale Wirtschaftförderung und E-Commerce – Ergebnisse einer Untersuchung in Baden-Württemberg. In: Deutscher Verband für Angewandte Geographie e.V. (DVAG) [Hrsg.]: Standort – Zeitschrift für Angewandte Geographie 2/2003, Bonn, 62-67.

SEIBEL, M. (2000): Regionalmarketing im Internet. In: Deutscher Verband für Angewandte Geographie e.V. (DVAG) [Hrsg.]: Standort – Zeitschrift für Angewandte Geographie 1/2000, Bonn, 28-32.

TROEGER-WEIß, G. (2004): Regionalmanagement als neues Konzept für die Umsetzung der Raumordnung. In: Goppel, K., Schaffer, F., Spannowsky, W,. Troeger-Weiß, G. [Hrsg.]: Schriften zur Raumordnung und Landesplanung (SRL) – Band 15 – Sonderband: Implementation der Raumordnung – Wissenschaftliches Lesebuch für Konrad Goppel. Weißenstadt, 51-60.

TROMMER, S. (2006): Identität und Image in der Stadt der Zukunft. In: Deutsches Institut für Urbanistik [Hrsg.]: Zukunft von Stadt und Region, Band III: Dimensionen städtischer Identität – Beiträge zum Forschungsverbund „Stadt 2030". Wiesbaden, 23-44.

BEI GRIN MACHT SICH IHR WISSEN BEZAHLT

- Wir veröffentlichen Ihre Hausarbeit, Bachelor- und Masterarbeit

- Ihr eigenes eBook und Buch - weltweit in allen wichtigen Shops

- Verdienen Sie an jedem Verkauf

Jetzt bei www.GRIN.com hochladen und kostenlos publizieren